AF369757

ENCYCLOPÉDIE

POPULAIRE,

ou

LES SCIENCES, LES ARTS

ET LES MÉTIERS,

MIS A LA PORTÉE DE TOUTES LES CLASSES.

L'instruction mène à la fortune
et conduit au bonheur.

Les contrefacteurs seront poursuivis selon toute la rigueur de la loi.

Extrait du Code pénal.

Art. 425. Toute édition d'écrits, de composition musicale, de dessin, de peinture ou de touse autre production, imprimée ou gravée EN ENTIER OU EN PARTIE, au mépris des lois et réglemens relatifs à la propriété des auteurs, est une contrefaçon, et toute contrefaçon est un délit.

Art. 427. La peine contre le contrefacteur, ou contre l'introducteur, sera une amende de cent francs au moins et de deux mille francs au plus, et contre le débitant, une amende de vingt - cinq francs au moins et de cinq cents francs au plus.

La confiscation de l'édition contrefaite sera prononcée tant contre le contrefacteur que contre l'introducteur et le débitant.

Les planches, moules et matrices des objets contrefaits seront aussi confisqués.

NOTIONS ÉLÉMENTAIRES

DE

PERSPECTIVE

LINÉAIRE,

ET

THÉORIE DES OMBRES;

PAR M. G. T. RICHARD.

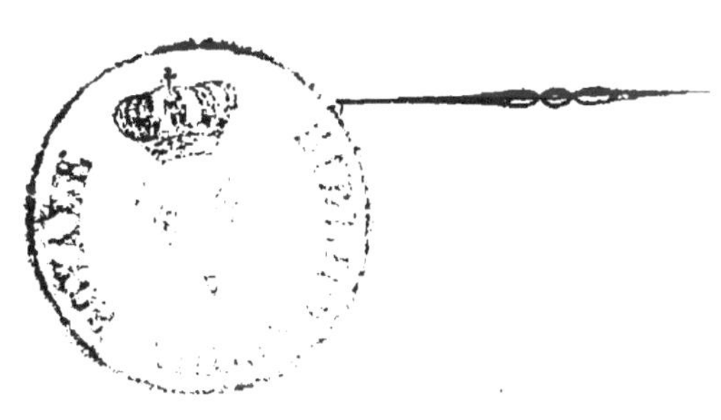

PARIS,

AUDOT, ÉDITEUR,

RUE DES MAÇONS-SORBONNE, N° 11.
1828.

IMPRIMERIE DE A. HENRY,

Rue Gît-le-Cœur , n° 8 .

INTRODUCTION.

S'il faut en croire Montucla, les anciens possédaient, très-probablement, quelques notions de la Perspective ; on trouve, en effet, dans Vitruve, qu'Eschyle, qui vivait cinq cents ans avant l'ère vulgaire, apprit à Agatharcus à mettre en perspective les décorations des tragédies ; quoi qu'il en soit, il ne nous est resté d'eux aucun écrit en forme sur ce sujet, et l'on peut dire, au moins, que cette science a été recréée par les modernes. Albert Durer et Pietro del Borgo paraissent en avoir de nouveau posé les premières règles ; Baltazar Peruzzi les perfectionna ; Guido Ubaldi, en 1600, étendit et simplifia la théorie de cet art. Après lui une foule d'auteurs lui ont fait faire des progrès successifs. Nous citerons entre autres le P. Deschales, le P. Lamy, S'Gravesande, Taylor, le P. Niceron, Leclerc, Jeaurat, etc.; enfin, de nos jours, Lespinasse, Valencienne, Vallée, Cloquet, ont publié sur cette science des traités fort étendus et justement estimés.

Ce n'est point ici le lieu de s'étendre sur l'utilité de la Perspective ; ceux qui entreprendront la lecture de ce petit Traité ont d'avance reconnu la nécessité de cette science dans la carrière des arts.

Certes la connaissance des principes sur lesquels elle repose ne garantit point le succès dans les arts d'imitation ; cependant, il faut l'avouer, elle y contribue puissamment, et, sans parler du tems qu'elle leur épargne, quelle tranquillité, quelle fermeté, quelle certitude dans le travail n'assure-t-elle pas aux artistes qui l'ont acquise !

Combien de tâtonnemens, quel embarras n'éviteraient point ceux qui en ignorent les principes !

Quelque courts que soient ces élémens, ils contiennent cependant toute la théorie et toute la pratique de cette science ; et bien que nous n'ayons pu présenter autant d'applications que nous l'aurions désiré, nous sommes certain de n'avoir omis aucune méthode générale ; c'est au lecteur à se proposer d'autres problèmes que ceux que nous avons pu lui offrir ; s'il a bien compris ce petit volume, il est en état de conclure, de ce qu'il y aura appris, la manière dont il devra s'y prendre pour mettre en perspective tous les objets qu'il voudra représenter.

NOTIONS

DE PERSPECTIVE

LINÉAIRE.

La Perspective, dans l'acception la plus étendue, est l'art de représenter, sur une surface quelconque, les limites des objets tels qu'ils nous paraissent d'un point donné.

Personne n'ignore que la lumière se propage en ligne droite et que les objets ne deviennent visibles que par les rayons qu'ils envoient à l'œil. C'est l'ensemble de ces rayons qui détermine les images des corps ; si donc l'on suppose, entre l'objet qu'il s'agit de représenter et le spectateur placé d'une manière fixe et invariable, une glace (*fig.* A), il résultera de la section des rayons menés de l'objet à l'œil, une image propre à faire naître la sensation du contour du corps et de la situation respective de ses différentes parties.

1*

Il suit de là que la détermination de cette image dépend uniquement de la recherche des intersections des lignes menées de l'œil aux divers points de l'objet avec le plan sur lequel il doit être représenté.

Avant de passer à la solution générale de ce problème, il est nécessaire de définir quelques termes et de faire quelques observations.

On nomme *plan géométral*, un plan PMNQ, parallèle à l'horizon. On suppose toujours que l'objet que l'on veut représenter est posé sur ce plan, et que le tableau sur lequel on veut faire cette représentation est perpendiculaire à ce même plan.

Le *plan horizontal* est celui qui, parallèle au plan géométral, passe par l'œil du spectateur.

La *ligne de terre*, ou la base du tableau, est la commune section XY du tableau XYZU, et du plan géométral.

La *ligne de distance*, ou le rayon principal, est une droite OV, conduite de l'œil du spectateur perpendiculairement au tableau.

Le *point de vue* est le point V, auquel le rayon principal rencontre le tableau.

La *ligne horizontale* est la commune

section **H H′** du tableau et du plan horizontal.

Le *point de distance* est un point **D** pris sur la ligne horizontale, à droite ou à gauche du point de vue, et aussi éloigné du point de vue que ce point l'est lui-même de l'œil du spectateur.

Le *point accidentel* d'une droite est le point où le tableau se trouve coupé, par une droite tirée de l'œil parallèlement à la ligne proposée. De cette définition il résulte que toutes les lignes parallèles au tableau n'ont pas de point accidentel, et que toutes celles qui sont parallèles entr'elles ont un même point accidentel. Il résulte aussi que les droites perpendiculaires au tableau ont, pour point accidentel, le point de vue, et que celles qui font, avec le tableau, un angle demi-droit, ont pour point accidentel, l'un des deux points de distance.

Ces définitions posées, nous allons chercher-à établir la Perspective sur les principes mathématiques qui assurent la certitude de ses opérations. Les lecteurs à qui le langage géométrique est inconnu, pourront, sans difficulté, laisser de côté la démonstration du théorème fondamental.

Théorème fondamental.

La hauteur du lieu perspectif d'un point quelconque ba est à la hauteur de l'œil du spectateur **OP**, comme la distance du tableau au point représenté b**A** est à la somme de cette même distance et de celle de l'œil à ce même tableau **PA**.

C'est-à-dire que (*fig.* B) on a

$$ba : \mathbf{OP} :: b\mathbf{A} : \mathbf{AP}.$$

Il y a deux cas : ou la droite **AP**, qui joint le point donné au pied du spectateur est perpendiculaire à la base du tableau comme dans la figure **B**, ou elle lui est oblique, comme dans la figure **C**.

Premier cas. La droite **A P** étant perpendiculaire à la base du tableau.

Les hauteurs ab, **OP** étant l'une et l'autre perpendiculaires à un même plan (le géométral), il s'en suit qu'elles sont parallèles ; l'angle **O** est donc égal à l'angle a, et les triangles **OPA**, ab**A** étant par conséquent semblables, on a

$$ba : \mathbf{OP} :: b\mathbf{A} : \mathbf{AP}.$$

Deuxième cas. (*fig.* C) la droite A P étant oblique à la base du tableau.

Des points A et P abaissez sur la base les perpendiculaires A m, P n. Les triangles A m b, P n b seront rectangles en m et n, de plus leurs angles P b n, m n A étant opposés au sommet, sont égaux. Ces triangles sont donc semblables.

On a donc

$$b \, \text{A} : b \, \text{P} :: m \, \text{A} : \text{P} \, n,$$

proportion d'où l'on tire

$$b \, \text{A} + b \, \text{P} \text{ ou } \text{AP} : b \, \text{A} :: m \, \text{A} + \text{P} \, n : m \, \text{A},$$

ou en renversant

$$b \, \text{A} : \text{AP} :: m \, \text{A} : m \, \text{A} + \text{P} \, n \,;$$

mais on démontre, comme dans le premier cas, que

$$ab : \text{OP} :: b \, \text{A} : \text{AP} \,;$$

or, à cause du rapport commun à ces deux dernières proportions, on a

$$ab : \text{OP} :: m \, \text{A} : m \, \text{A} + \text{P} \, n.$$

Or *m* A est la distance du tableau au point A, et P *n* celle de l'œil à ce même tableau. Ce théorème est donc démontré.

Ce principe une fois bien connu, il sera facile de l'appliquer à la résolution des problèmes suivans; mais, avant tout, nous devons prévenir le lecteur que nous supposerons toujours à l'avenir que le plan géométral a décrit autour de sa commune section, avec le tableau, un quart de cercle; les figures y seront donc *renversées*, c'est-à-dire que les points qui, vus au travers de la vitre, étaient les plus éloignés du spectateur, seront les plus bas dans le géométral, et que ceux, au contraire, qui étaient le plus près du spectateur, seront les plus élevés dans le géométral. Tel sera le seul résultat de ce renversement, car les points qui étaient à la droite ou à la gauche du spectateur, seront toujours à sa droite ou à sa gauche dans le géométral.

Problème.

Étant donné un point dans le plan géométral, trouver dans le tableau le lieu perspectif de ce point.

Soit (*fig.* 1) XY, l'intersection du plan

géométral avec celui du tableau, soit H L la ligne d'horizon, soient V le point de vue, D le point de distance et A le point dont il s'agit d'obtenir la perspective; on conçoit qu'il suffira de conduire du point A, la ligne A P perpendiculaire à X Y, puis du point P, comme centre, et avec un rayon égal à A P, on décrira le quart de circonférence A A′ du côté opposé au point de distance relativement au point de vue; enfin, du point P on tirera P V au point de vue, et du point A′ on conduira A′D au point de distance; l'intersection a de ces droites sera le lieu perspectif du point donné (1).

---

(1) En effet, puisque les lignes X Y Hh sont parallèles, les angles Y P V, H V P sont égaux; mais les angles A′aP, VaD opposés au sommet le sont également. Les triangles VaD, A′aP sont donc semblables; or, si par le point a on conduit à la base la perpendiculaire rn, on démontrerait de même que les triangles A′na, rDa sont semblables, ainsi que Pan et raV; on a donc

$$a\,n : a\,r :: a\,P : a\,V$$

$$a\,P : a\,V :: A'P : V\,D.$$

Or, à cause des rapports communs, on obtient

$$a\,n : a\,r :: A'P : V\,D,$$

d'où $\quad a\,n : a\,n + a\,r :: A\,P' : A'P + V\,D;$

De cette opération extrêmement simple, on peut en déduire une foule d'autres. Car les points étant les extrémités ou les intersections des lignes droites, ces droites étant elles-mêmes les limites ou les intersections des polygones, on voit que, pour obtenir la perspective d'une droite, d'un triangle, d'un quadrilatère quelconque, d'un polygone, enfin, quel que soit le nombre de ses côtés, il suffira de répéter l'opération que nous venons de faire.

Avant d'aller plus loin, il ne sera peut-être pas inutile de recommander au lecteur la plus grande précision dans le tracé des lignes ; il faudrait, afin d'arriver à des constructions parfaites, tendre toujours à faire des points pour ainsi dire *nuls*, et des lignes *sans largeur*. Rien ne paraît plus facile au premier abord, que de tracer une ligne droite ; c'est cependant à

---

mais $a\,n$ est la hauteur du lieu perspectif, $a\,n + a\,r = n\,r$ est la hauteur de l'œil, A′ P est la distance de l'objet au tableau ; A P′ + V D est la distance de l'objet au tableau, plus celle de l'œil à ce même tableau ; donc (*voyez* théorème fondamental) le point a. déterminé par cette méthode, est bien le lieu perspectif demandé.

quoi l'on ne réussit qu'après s'être exercé; il faut donc avoir bien soin de maintenir la règle, et de n'en jamais écarter le crayon ou la pointe, et lorsqu'on aura à joindre deux points donnés, c'est-à-dire, deux marques faites par deux piqûres d'une pointe de compas très-fine ou d'un poinçon très-aigu, on se trouvera bien d'avoir toujours le soin de placer la règle de manière que l'une de ses longues arêtes passe par chaque point.

Problème.

Mettre en perspective une droite, dont on a le géométral.

Soit (*fig.* 2) C D cette droite : des points C D, abaissez les perpendiculaires D P, C P′, à la ligne de terre X Y ; des points P′, P comme centres, et avec les rayons P′ C, P D, décrivez les quadrans C C′, DD′ ; des mêmes points P, P′, tirez au point de vue V, les droites P V, P′ V ; enfin, des points C′, D′ conduisez au point de distance, les droites C′ D, D′ D, vous obtiendrez les intersections c, d, qui sont les lieux perspectifs de C, D, c'est-à-dire des extrémités de la droite ; joignant ces points par la droite $c\,d$, vous avez la perspective demandée.

On voit sans doute ce qu'on aurait à faire pour la droite A B, qui est perpendiculaire à C D, et à la ligne de terre X Y ; nous ne nous arrèterons donc point à cette opération qui n'offre aucune difficulté. Nous ferons seulement remarquer, et nous engageons nos lecteurs à s'en assurer au moyen de la règle et du compas :

1°. Que, lorsqu'une droite est parallèle, à la base du tableau, la perspective de cette ligne est aussi parallèle à la base du tableau.

2°. Que les perspectives de toutes les droites perpendiculaires au tableau, sont dirigées vers le point de vue.

3°. Que les perspectives des droites qui font avec le tableau, un angle demi-droit, concourent au point de distance.

Problème.

Mettre en perspective un triangle, dont on a le géométral.

Soit (*fig.* 3), A B C les sommets des trois angles du triangle ; abaissez de ces points sur la ligne de terre X Y, les perpendiculaires C P, A P', B P'' ; des points P, P', P'', avec des rayons P C, P' A, P'' B, et toujours du côté opposé au point de distance, décrivez les quadraus C C′, B B′, A A′ ; enfin, des points A′, B′, C′, tirez au point de distance les droites A′D, B′D, C′D ; des points P″, P′, P, tirez au point de vue les droites P″V, P′V, PV, vous obtiendrez les intersections a, b, c, qui sont les lieux perspectifs des sommets du triangle ; en joignant ces trois points par des droites, on a la perspective du triangle lui-même.

Problème.

Mettre en perspective un quadrilatère quelconque, dont on a le géométral.

Parmi les quadrilatères, qui comprennent le *quarré* dont les côtés sont égaux et les angles sont droits, le *rectangle* qui a les angles droits sans avoir les cotés égaux, le *parallélogramme* ou *rhombe* qui a les côtés opposés parallèles, le *losange* dont les côtés sont égaux sans que les angles soient droits, enfin, le trapèze dont deux côtés, seulement, sont parallèles, nous choisirons ce dernier, et nous supposerons que l'une des bases du géométral, repose sur la ligne de terre, c'est-à-dire, que la figure est sur le premier plan dans le tableau ; il n'y a donc point de profondeur à déterminer.

Des points A B (*fig. 4*), on mènera les perpendiculaires B P, A P′ sur la ligne de terre X Y, puis de P′, C, B′, P, on tirera au point de vue V les droites P′ V, C V, B′ V, P V; de P′ et P comme centres et avec des rayons A P′, B P, on décrira les quadrans A A′, B B′, toujours du côté opposé au point de distance; enfin, de A′, C, B′, D, on conduira au point de distance A′ D, C D, B′ D, D D, qui donneront les intersections *a b* C D, points principaux du trapèze.

On voit que, lorsque la base de la figure repose sur la ligne de terre, il est inutile de tirer, comme dans cet exemple, les droites C D, D D, des extrémités de cette base au point de distance; on ne doit, en effet, obtenir aucune intersection pour ces points, car si l'on en obtenait ailleurs que sur la ligne de terre elle-même, c'est qu'ils auraient une certaine profondeur dans le tableau, c'est qu'ils ne seraient point sur le premier plan, ce qui est contraire à l'hypothèse que nous avons faite.

Je crois qu'il est inutile de nous étendre davantage sur les applications d'une méthode aussi simple.

On voit qu'en général, pour mettre une figure plane quelconque en perspective, on devra :

1°. *Des points singuliers de la figure , abaisser des perpendiculaires sur la ligne de terre ;*

2°. *De tous les points où ces perpendiculaires rencontrent la ligne de terre , tirer des droites au point de vue ;*

3°. *De ces mémes points comme centre et avec des rayons égaux aux perpendiculaires abaissées , décrire des arcs de cercle du côté opposé au point de distance ;*

4°. *Des points où ces arcs rencontrent la ligne de terre , tirer également des droites au point de distance ; leurs intersections avec celles déjà tirées au point de vue , donneront les perspectives des points singuliers de la figure ; et , si l'on joint ces points par des droites , on aura la perspective du plan.*

Nous chercherons dans les problèmes suivans à faire voir comment il faudra opérer dans quelques cas plus difficiles , lorsque , par exemple , la place manque pour les tracés , etc. , ou qu'il s'agit d'appliquer la loi ci-dessus à des courbes ; enfin , nous nous occuperons des méthodes abrégées.

Problème.

Mettre en perspective un carré dont on a le géométral.

Soit (*fig.* 5) A B C D, ce carré dont le côté C D est, pour plus de simplicité, parallèle à la ligne de terre; des points C, D, conduisez à la ligne de terre les perpendiculaires D P, C P'; des points P P' comme centres et avec des rayons P' C, P A, P D, P B, décrivez les quadrans C B, A A', D D', B B', toujours du côté opposé au, point de distance; de P, P' tirez au point de vue P' V, P V; de A', B', D', tirez au point de distance A' D, B' D, D' D; vous obtiendrez ainsi les intersections *a*, *b*, *c*, *d*, lieux perspectifs des sommets des angles du carré; en joignant ces quatre points par des droites, on a la perspective cherchée.

Il pourrait arriver que le géométral fût fort éloigné de la ligne de terre, ce qui donnerait à la figure une grande profondeur dans le tableau; en pareil cas les limites du tableau ne permettent point toujours de porter sur la ligne de terre la distance P' A', par exemple, égale à P' A; voici comment il faudra opérer quand cette difficulté se présentera. Si l'on avait deux points de distance, on essayerait d'abord de porter P′ A de l'autre côté, en A″, par exemple ; si cela était possible, l'intersection a serait donnée comme à l'ordinaire ; mais supposons le cas où l'on n'aurait, ainsi qu'il arrive presque toujours, qu'un seul point de distance.

D'un point quelconque, Y par exemple, pris sur la ligne de terre, portez Y A‴ = P′ A ; de ce même point Y tirez au point de vue Y V, et de A‴ tirez au point de distance, situé *du même côté*, la droite A‴ D, vous obtiendrez un point O par lequel vous conduirez une parallèle O a, à la ligne de terre qui déterminera a.

Problème.

Mettre en perspective un cercle dont on a le géométral. *Voyez la figure.*

Si le cercle est petit, on lui circonscrit un carré ; puis, après avoir tiré les diagonales du carré et avoir mené en outre dans le cercle des diamètres qui s'entrecoupent à angles droits, on élève de chacun des points singuliers de cette figure des perpendiculaires à la ligne de terre ; on obtient cinq points sur la ligne de terre d'où l'on tire des droites au point de vue ; on prolonge ensuite les diagonales du carré jusqu'à leur rencontre avec la ligne de terre ; et, des points qu'elles déterminent sur cette ligne, on tire des droites aux deux points de distance réciproquement opposés : on obtient ainsi quatre intersections sur les diagonales et perpendiculaires, ce qui donne la perspective du carré circonscrit ; pour déterminer les huit points établis sur le cercle géométral, on conduira par le centre perspectif du cercle déterminé par l'intersection d'une des lignes dirigées au point de distance avec la ligne milieu dirigée au point de vue, on conduira, dis-je, une parallèle à la ligne de terre qui rencontrant les côtés perspectifs du carré déterminera deux nouveaux points de la courbe ; la figure indique assez comment les quatre autres points de la courbe sont donnés ; joignant ces points par des parties de courbe, on obtient la perspective cherchée.

Il est à remarquer qu'on peut se tromper en joignant par certaines parties de courbe les points trouvés par la méthode que nous venons de donner ; ces arcs doivent être ceux d'une courbe connue par les géomètres sous le nom d'ellipse et

dont la description géométrique n'est pas
très-facile, surtout lorsqu'il est question de la
faire passer par plusieurs points ; aussi est-
il presqu'impossible que la perspective du
cercle soit parfaitement juste en la traçant
suivant les règles que nous venons de don—
ner ; mais ces règles sont bien suffisantes
dans la pratique, et cette méthode a cela
de commode, qu'elle peut être employée
également pour mettre en perspective une
courbe quelconque ; car il n'y a qu'à in—
scrire et circonscrire à cette figure des
carrés ou des rectangles si la figure n'est
pas fort grande ; ou, si elle l'est, mettre en
perspective plusieurs de ses points que l'on
joindra ensuite par des lignes courbes bien
conduites, c'est-à-dire qui ne fassent point
de jarret. Il est d'ailleurs évident qu'on
peut toujours se donner autant de points
qu'on voudra, et approcher ainsi indéfi—
niment de l'exactitude.

PERSPECTIVE

A TROIS DIMENSIONS.

—

Après avoir donné les principes généraux au moyen desquels on parvient à
mettre en perspective un plan quelconque, nous devons passer à la représentation perspective des volumes ; tout
ce que nous avons appris jusqu'ici nous
sera d'une grande utilité dans cette
deuxième partie ; en effet, avant de rendre
la troisième dimension d'un corps ou d'une
réunion de corps quelconque, il faudra
toujours commencer par en obtenir le plan
perspectif, et pour cela, il est nécessaire
d'établir d'avance son géométral, c'est-à-
dire de connaître les distances respectives
des objets qu'on veut faire entrer dans le
tableau.

Commençons avant tout par donner le
principe pour élever les hauteurs en pers-

pective. Toute la difficulté se réduit au problème suivant :

Problème.

Sur un point donné C (*fig.* 7), élever une hauteur perspective correspondant à la hauteur de l'objet que nous supposons être égale à P Q.

Sur la ligne de terre, élevez la perpendiculaire P Q égale à la hauteur donnée de l'objet ; des points P et Q tirez à un point quelconque, tel que T, les droites P T et Q T ; du point donné C, tirez une ligne C K parallèle à la ligne de terre D E et qui rencontre en K la ligne droite Q T ; au point K, élevez une perpendiculaire I K sur K C : cette ligne I K, ou son égale C B, est la hauteur demandée.

Nous allons, afin de nous familiariser avec cette méthode, et avant de passer aux moyens abrégés, résoudre quelques problèmes.

Problème.

Représenter un cube vu par un de ses angles.

Cherchez d'abord (*fig.* 8), la perspective du carré qui sert de base au cube par les moyens indiqués dans la première partie. Nous supposons ici que le géométral de cette base touche la ligne de terre, c'est-à-dire que le cube se trouve sur le premier plan dans le tableau. Elevez le côté H I du carré perpendiculairement à la ligne de terre en un point quelconque de cette ligne, et à un autre point quelconque V de l'horizontale H R, tirez les droites V I et V H ; de chacun des angles d, b, c du cube, tirez $c\,1$, $c\,2$ parallèles à la ligne de terre D E ; des points 1 et 2 où ces parallèles rencontrent H V 2 ; élevez L 1, et M 2 perpendiculaires à D E puisque H I est la hauteur qui doit être élevée en a, L 1, en c et en b, M 2 en d ; élevez au point a la ligne $f\,a$ perpendiculaire à a E ; en b et en c élevez $b\,g$ et $c\,e$ perpendiculairement à $b\,c'$; enfin, élevez $d\,h$ perpendiculaire à $d\,2$ et faites $a\,f = $ H I ; $b\,g = e\,c = $ L 1 et $h\,d = $ M 2 ; joignez $g\,h\,e\,f$ par des droites et vous aurez la perspective cherchée.

Problème.

Représenter un prisme pentagonal creux. Cherchez d'abord la perspective de la base (*fig.* 9), puis d'un point quelconque H de la ligne de terre D E, élevez une

perpendiculaire H I, égale à la hauteur
réelle du prisme, et tirez à un point quelconque V de l'horizontale H R les lignes
H V et I V; des différens angles a, b,
d, e, c de la base tant internes qu'ex-
ternes, tirez $b\,2$ et $d\,3$ etc., parallèles à la
ligne de terre; et des points 1, 2, 3 etc.,
élevez perpendiculairement sur cette même
ligne les lignes L_1, $M_2\,m_2$, N_3, n_3; ensuite
élevez toutes ces lignes au points correspondans de la base, et achevez l'opération
comme dans l'exemple précédent.

Problème.

Représenter une pyramide quadrangulaire vue par un de ses angles.

Cherchez d'abord la perspective de sa
base (*fig.* 10); 2° pour trouver le sommet
de la pyramide, c'est-à-dire la perpendiculaire qui tombe du sommet sur la base,
tirez les diagonales qui se coupent en c;
3° sur un point quelconque B de la ligne
de terre D E, élevez la hauteur B I de la
pyramide et après avoir tiré les lignes droites H V et I V à l'horizontale H R, prolongez la diagonale $d\,b$ jusqu'à ce qu'elle
rencontre la ligne V B en b; enfin du point
b, tirez $b\,i$ parallèle à B I ; cette ligne $b\,i$,

élevée sur le point *e* donnera le sommet **K**
de la pyramide ; conséquemment, on aura
les lignes *d* **K** , **K** *a* et **K***b*.

On voit que pour avoir la projection
d'un solide quelconque dont les arêtes sont
perpendiculaires à la ligne de terre , on
doit 1°, tracer sur le plan géométral un
plan semblable à la base du solide à représenter ; 2° élever en un point quelconque de la ligne de terre une perpendiculaire
à cette ligne , puis sur cette perpendiculaire marquer les hauteurs des différentes
arêtes verticales de l'objet ; 3° du pied de
cette perpendiculaire et des points qui indiquent sur elles les hauteurs réelles des
arêtes , tirer des droites en un point quelconque de la ligne d'horizon ; 4° des points
de la perspective de la base qui servent
de pied aux élévations des diverses lignes,
tirer des parallèles à la ligne de terre jusqu'à leur rencontre avec la droite dirigée
du pied de la perpendiculaire au point pris
arbitrairement sur la ligne d'horizon (*Voy*.
3°) ; 5° des points où les parallèles rencontrent cette dernière ligne , élever des perpendiculaires dont la hauteur sera fixée
par leur rencontre avec la deuxième ligne
dirigée au point arbitraire de la ligne
d'horizon , à partir des points de la per-

pendiculaire à la ligne de terre qui indiquent leur hauteur réelle ; 6° transporter ces hauteurs sur chacun des points du plan perspectif qui s'y rapportent ; 7° enfin joindre les extrémités de ces verticales par des droites.

On voit assez ce qu'on aurait à faire pour les corps cylindriques ; comme ils peuvent être considérées comme composés d'une infinité de droites parallèles à leur axe, on pourrait se donner sur la base du cylindre autant de points qu'on le jugerait convenable, et l'on approcherait d'autant plus de l'exactitude, en suivant les méthodes précédentes, qu'on s'en donnerait davantage.

Dans les méthodes que nous avons données jusqu'ici, il a toujours été nécessaire de construire avant tout le géométral des objets ; c'est en effet le moyen sûr de parvenir à rendre avec vérité les formes et les distances des objets qu'on veut représenter ; on cite Vaudermeulen comme celui de tous les peintres modernes qui a peint les batailles avec le plus de justesse d'action. C'est en mettant les plans géométraux de ses batailles en perspective, que ce grand homme est parvenu à cette justesse de proportion et à cet ensemble qui produisent les belles et savantes compositions; ce n'est que par ce moyen que l'on réussit, soit que les plans soient vrais ou composés; il faut toujours qu'un plan perspectif soit la base de l'ouvrage parce que c'est ce plan qui compose et que l'imagination n'a rien à y changer; les dimensions et les formes étant toujours données par un plan géométral qui fait obtenir l'autre.

Voilà ce qu'il faut bien comprendre, c'est que toute représentation de la nature n'étant que l'apparence d'un plan géométral, on doit opérer de manière à obtenir cette apparence la plus vraie possible, à pouvoir se rendre compte du résultat de ses opérations, à s'assurer de leur exactitude; il est impossible, je l'avoue, lorsqu'on travaille sur la toile, de tracer le géométral des objets, mais il n'en est pas moins vrai que le peintre doit avoir arrêté d'avance le géométral de la scène qu'il veut rendre, c'est-à-dire avoir fixé les distances ou la taille des personnages, la dimension des meubles, etc. Ce tracé une fois bien fixé, au moins dans sa tête, il pourra employer les méthodes suivantes.

DES ÉCHELLES

DE DÉGRADATION.

—

Il y a deux sortes d'échelles de dégradation :

1°. Les échelles fuyantes des longueurs, parce qu'elles servent à dégrader les dimensions des objets, à mesure que les parties de ces objets s'éloignent du plan du tableau.

2°. Les échelles fuyantes des largeurs et des hauteurs, parce qu'elles servent à dégrader les largeurs et les hauteurs des objets à mesure qu'ils s'éloignent du plan du tableau ou de sa base.

Soit *fig* 9 le tableau A B C D, l'horizon *b d*, le point de vue V, le point de distance *d*.

On divisera la base B C, en autant de parties égales que l'on voudra, dont chacune représentera un mètre, ou un pied, ou un pouce, ou une toise, etc.

Par les points de division B, *e*, *f*, *g*, *h*, *i*, C, on tirera au point de vue les lignes B V, *e* V, *f* V, *g* V, *i* V, C V ; du point de distance *d*, on tirera la ligne B *d* qui donnera les sections 1, 2, 3, 4, 5, 6 ; ensuite par ces points de section et parallèlement à la base, on mènera les lignes *l m*, *n o*, *p q*, *r s*, *t x*, *y* 6 qui formeront les échelles de dégradation suivantes.

1°. Les lignes *l m*, *n o*, *p q*, *r s*, *etc.* pour les échelles fuyantes des longueurs, car toutes sont perspectivement égales à la longueur originale B C.

2°. Les lignes *e* 7, *f* 8, *g* 9, *etc.* pour les échelles de dégradation des largeurs et des hauteurs ; car les distances (que l'on nomme ici largeur et hauteur) entre les lignes B C et *l m*, *l m* et *n o*, *n o* et *p q* sont perspectivement égales à chacune des divisions originales faites sur B C, puisque *e i* serait le côté d'un carré, qui aurait pour dimension B *e*, et qui serait terminé par la diagonale B *i* ; donc ces distances, appelées largeurs et hauteurs sont perspectivement égales, et forment une échelle de dégradation dans l'enfoncement du tableau.

D'où il suit que, si B *e* est d'un mètre géométral, la largeur ou la hauteur entre B *e*, *l m*, sera d'un mètre perspectif ; que

successivement les autres, seront perspectivement de même dimension ou de même
mesure, et enfin que la largeur ou hauteur
totale depuis la base, sera perspectivement de six mètres.

On sent bien, par la construction de ces
échelles, que les lignes comme B V, c V,
étant tirées au point de vue, une seule
ligne B *d* menée au point de distance,
donne autant de sections qu'il en faut pour
mener les parallèles qui forment l'échelle
de dégradation, et que l'autre diagonale
qui donnerait des sections de même hauteur, ne serait utile que dans le cas où l'on
n'aurait pas la facilité de mener des parallèles, par le secours d'une règle immobile
et d'une équerre que l'on fait glisser dessus.

Il résulte que l'on a le moyen de connaître
à quelle distance de la base est situé un
objet dans l'enfoncement du tableau, et
sa dégradation en longueur et en largeur,
relativement à sa distance originale du tableau.

Par exemple, si l'on voulait avoir la position perspective d'un point situé géomé-
tralement à 6 mètres de la base du tableau
comme en Z, on élèverait par ce point Z
une perpendiculaire Z C à la base, et du

point de rencontre en C avec cette base, on tirerait la ligne C V; ensuite on porterait sur la base (prolongée s'il était nécessaire) à partir du point C, 6 mètres, et du point B, terme de cette mesure, on tirerait au point de distance la ligne B d qui donnerait la section 6 pour la hauteur de l'enfoncement perspectif cherché.

De plus, si la ligne Z L était considérée comme un objet dont on voulût avoir la dégradation sur ce même plan d'enfoncement 6, on porterait la longueur originale de cet objet Z L, sur la base de C en i, et on tirerait la ligne i V, et après la parallèle 11.6 qui donnerait à cette hauteur d'enfoncement la dégradation en longueur de l'objet Z L : il en serait de même de toute autre longueur, largeur et hauteur perspective.

Quant aux échelles de dégradation des lignes perpendiculaires au plan horizontal, voici comment on pourra opérer : soit (*fig.* 10) le tableau A B C D, l'horizon $b\,d$, le point de vue V, et le point de distance d.

Si l'on a les distances perspectives 1, 2, 3, 4, 5, et que l'on veuille connaître la dégradation perspective de la perpendiculaire originale E F (donnée d'une grandeur quelconque sur chacun des plans de niveau $x\,1$, $y\,2$, $z\,3$, etc ; du point de vue on tirera les lignes $E\,V$, $F\,V$, l'une appelée ligne de base et l'autre ligne d'élévation ; ensuite on prolongera les plans $x\,1$, $y\,2$, $z\,3$ jusqu'à la rencontre de la ligne de base $E\,V$; et de leurs points de section e, g, i, etc. avec cette ligne, on mènera les parallèles ef, $g\,h$, $i\,k$ à la perpendiculaire $E\,F$ jusqu'à la rencontre de la ligne d'élévation $F\,V$, ce qui donnera sur chaque section correspondante à son plan, la dégradation de la ligne originale $E\,F$; par exemple, ef sera la hauteur perspective de la ligne $E\,F$ sur le plan horizontal $x\,1$; et $g\,h$ celle du plan $y\,2$; ainsi des autres.

On aurait pu, de tout autre point de l'horizon que de celui du point de vue, trouver la même dégradation ; car si d'un point quelconque comme p, on tire les lignes $E\,p$, $F\,p$, que l'on prolonge les plans $x\,1$ $y\,2$, etc. jusqu'à leur rencontre de la ligne de base $E\,p$, et que l'on achève ensuite l'opération comme elle est décrite plus haut, on obtiendra $q\,t = ef$; il en serait de même de toutes les autres perpendiculaires qui correspondraient à un même plan.

On peut faire usage des méthodes que l'on vient d'expliquer, pour former les échelles de dégradation lors même que l'on ne fait que le croquis, ou l'esquisse du sujet ou d'un tableau quelconque, en faisant une espèce de devis estimatif des dimensions, des positions et des distances de chaque point des objets originaux, et ensuite en les cotant sur la base et sur le bord inférieur du tableau, savoir :

1°. Les longueurs originales sur la base du tableau,

2°. Les hauteurs ou largeurs verticales, sur une des parties inférieures des bords du tableau : soit par exemple (*fig.* 13) A B C D, le tableau disposé comme à l'ordinaire, le point *i* et le point *g*, situés sur la base du tableau B C, l'un et l'autre donnés de position originale, dont on veut trouver la position perspective dans le tableau, les élévations perpendiculaires relatives à des élévations originales aussi déterminées.

1°. On divisera le bord inférieur du côté D C du tableau en parties perspectivement égales, que l'on marquera d'un petit trait accompagné d'un numéro, comme on le voit dans cet exemple : 1, 2, 3, 4, 5, 6, etc. ; on se servira pour cette division du procédé suivant :

Du point E qui est à la distance d'un

mètre, d'un pied, d'un pouce ou etc., de l'extrémité C' de la base du tableau, on tirera au point de distance la droite E d ; du point C, sommet de l'angle de la base du tableau, on tirera au point de vue la droite C V; par le point où cette droite C V rencontre E d, on conduira une parallèle à la ligne de terre qui déterminera, sur le bord vertical du tableau C D, l'intersection 1 ; par ce point 1 on tirera une nouvelle droite au point de vue, qui rencontrera de nouveau E d; par le point d'intersection on conduira une nouvelle parallèle à la ligne de terre qui donnera le point 2 ; de ce point 2 on tirera encore une droite au point de vue qui donnera une nouvelle section de la droite E d ; on conduira encore par ce point de section, une parallèle à la ligne de terre qui déterminera le point 3, et ainsi de suite pour les autres points 4 , 5 , 6 , 7 , etc.

Ce procédé est basé sur ce qu'on sait déjà, que toutes les droites perpendiculaires à la base du tableau concourent au point de vue , tandis que celles qui font avec cette base des angles demi-droits, concourent au point de distance; il faut seulement remarquer que, dans cette opération, on a pris le point de distance pour le point de vue, et le point de vue pour le point de distance ; ce qui ne peut que donner le même résultat, puisque la distance entre ces points n'a point varié.

Cela fait, si l'on suppose que le point i est situé à 4 mètres d'enfoncement, on tirera au point de vue la ligne $i\,V$, et du n° 4 on mènera parallèlement à la base la ligne $4\,l$ qui, par sa rencontre avec $i\,V$, donnera la section l pour le point d'enfoncement perspectif ; on fera la même opération pour le point g supposé à deux mètres d'enfoncement, et le point m sera le point cherché.

On trouverait de la même manière tous les points originaux qui seraient placés sur la base du tableau, prolongée même de part et d'autre s'il était nécessaire ; quant aux lignes perpendiculaires au plan horizontal, on cotera leurs diverses élévations originales sur l'autre côté du tableau, comme on le voit aux points K, L, R, à compter depuis le point B de la base ; et après avoir tiré B V, K V, L V, etc., on prolongera les horizontales, savoir : $4\,l$ jusqu'en q, et $2\,m$ jusqu'en n ; des points q et n on élève ensuite les perpendiculaires jusqu'à la rencontre de K V, et l'on obtient les élévations $n\,t$, $n\,o$, $n\,r$, et $q\,x$, $q\,s$,

$q\ p$ perspectivement égales aux élévations originales B R , B L , B K , etc.

On doit bien sentir que si on avait un
point d'élévation original situé en b, hauteur de l'horizon , sa hauteur perspective
serait celle du niveau de l'horizon , parce
que , de quelque manière qu'une ligne de
niveau soit dirigée à l'égard de l'œil, elle
reste de niveau ; qu'il n'y a que les lignes qui sont au-dessus ou au-dessous de
l'horizon qui paraissent toujours inclinées.
Je me plais à reconnaître que c'est à l'ex-
cellent traité de Lespinasse que j'ai emprunté ces détails sur la construction des
échelles de dégradation , et j'engage les
lecteurs qui voudraient approfondir la
science de la Perspective, à consulter les
différens traités qu'il a publiés ; les artistes
y trouveront en outre des conseils qu'ils
feront toujours bien de suivre.

Nous sommes maintenant en état de résoudre des questions de perspective un peu
plus difficiles que celles que nous avons
eu occasion de voir jusqu'ici ; nous em-
ploîrons à l'avenir celles des méthodes
données qui nous paraîtront plus commodes
pour les sujets que nous aurons à traiter.

Problème.

Mettre en perspective un escalier vu de profil.

On marquera d'abord (*fig.* 14) sur la ligne de terre les largeurs des marches A B, B C, C D que nous supposons être de deux décimètres chacune. Après avoir tiré la ligne D au point de vue et avoir porté de D en F sur la ligne de terre la longueur réelle des marches que nous ferons de douze décimètres, on tirera une droite de F au point de distance qui coupera D en *d* ; par ce point *d*, on conduira *d* E parallèle à la ligne de terre.

Des points A B C on tirera au point de vue des droites jusqu'à leur rencontre avec E *d* ; on aura ainsi la perspective de la la base de l'escalier.

Pour avoir la hauteur qu'on suppose d'un décimètre pour chaque marche, on élèvera en A une perpendiculaire à la ligne de terre sur laquelle on marquera les points 1, 2, 3, 4 ; chaque partie A 1, 1 2, 2 3, 3 4, étant égale à la moitié de A B qui, comme on sait, est de deux décimètres ; par B, C, D, on élèvera aussi des perpendiculaires à la ligne de terre, puis de 1, on tirera une parallèle à cette dernière jusqu'à sa rencontre avec la verticale en **D**; de 2 on fera de même jusqu'à la rencontre de la verticale en **C**; de même pour 3 jusqu'à la verticale en **B**.

Des points où **A V**, **B V**, **C V**, **D V** rencontrent **E** *d*, on élèvera aussi des perpendiculaires à la ligne de terre ; leur hauteur sera déterminée par leur intersection avec les droites tirées de tous les angles du profil au point de vue, il ne restera plus qu'à joindre ces points par des droites ainsi que la figure l'indique assez. La parallèle *e e* à la ligne de terre menée du point *e* détermine la largeur du palier.

Problème.

Mettre en perspective un escalier vu de face.

Après avoir formé le plan (*fig.* 13) et avoir déterminé la profondeur de la première marche sur le plan du tableau 1° en portant de **F** en **A** la distance **F A** égale à l'éloignement de la première marche dans le géométral, de **F** en **B** la distance géométrale **F B** de la seconde, de **F** en **C** la distance géométrale **F C** de la troisième et ainsi de suite ; 2° en tirant des points **D**, **C**, **B**, **A** des droites au point de distance;

je formerai l'échelle des hauteurs que je diviserai en autant de parties égales F 1, 1 2, 2 3, etc., qu'il y aura de marches; des points G F 1 2 3 4 je tirerai des droites au point de vue V qui servira à la fois de point de vue et de point d'élévation, et par les intersections a, b, c, d, de la ligne de base F V avec les droites partant de A, B, C, D, pour aller au point de distance, je mènerai 1° des parallèles à la ligne de terre $a f$, $b g$, $c h$, etc., jusqu'à leur rencontre en f, g, h, i, etc. avec G V; 2° des perpendiculaires à la ligne de terre par tous les points a, b, c, d, f, g, h, i, etc.

La première ligne partant de 1, tirée au point d'élévation, coupera la perpendiculaire élevée sur le point a en l, et en tirant une parallèle de ce point d'intersection jusqu'à la ligne élevée sur le point f, j'aurai la hauteur de la première marche; je trouverai la profondeur de cette marche par le prolongement de la ligne 1 qui coupera la perpendiculaire élevée sur le point b au point q.

La deuxième marche sera élevée par la distance du point q au point m, et sa profondeur fixée de m en r.

La troisième aura sa hauteur de r en n et sa profondeur de n en s.

La quatrième, servant de palier, sera élevée de *s* en *o* et sa profondeur de *o* en *p*.

En tirant de tous ces points des parallèles jusqu'à la rencontre des perpendiculaires élevées sur les points f, g, h, i, k, on aura les points correspondans de hauteur et de profondeur sur la ligne G V.

Problème.

Connaissant toutes les dimensions d'une chambre, et celles de chacune de ses parties, le point duquel elle est vue et la hauteur de l'œil du spectateur, représenter cette chambre en perspective sur le tableau L Z (*fig.* 16).

Tracez, sur le géométral, par le moyen d'une échelle, le plan du plancher inférieur du salon proposé ; et après avoir déterminé sur l'horizontale H O le point principal P et la distance P d de l'œil au tableau, tracez sur ce tableau la perspective A B C D du plancher.

Prenez ensuite sur la ligne de terre L T les parties A c et B f égales chacune à l'épaisseur des murailles, c'est-à-dire contenant autant de parties de l'échelle dont on s'est servi pour faire le plan de ces parties que ces parties contiennent de fois la mesure avec laquelle on les a mesurées ; des points c, A B et f de cette ligne, élevez à cette même ligne les perpendiculaires indéfinies $c\,g$, A h, B i, et $f\,k$; faites la première et la dernière de ces perpendiculaires égales chacune à la hauteur de ces mêmes murailles ; de l'extrémité supérieure g de la première, tirez à l'extrémité supérieure k de la dernière, la ligne droite $g\,k$ et du point principal C P les droites P h P, aux points h et i.

Enfin, menez par les points D et C les parallèles D E et C F aux perpendiculaires précédentes, et les figures $c\,g$ E D, D E F C et C F $k\,f$ seront les représentations des murailles du salon proposé.

2°. Si vous supposez qu'il y ait une porte dans la muraille dont le rectangle D F est la projection, vous prendrez pour la représenter sur la perpendiculaire B i les parties B q B z qui soient égales l'une à la hauteur de cette porte et l'autre à la hauteur de son chambranle ; vous prendrez de même sur la ligne L T les parties A m, $m\,n$, $m\,l$, et $n\,o$ dont la première est la distance de cette même porte à la muraille représentée par le trapèze A E, la seconde à sa largeur, et chacune des deux derniè-

res à la largeur des montans de son cham—
branle ; vous tirerez ensuite du point principal P aux points $y\ z\ l\ m\ n$ et o les droites
P y, P z, P l, P m, P n, et P o; enfin
par les points a, b, c et q auxquelles ces
quatre dernières lignes couperont les lignes D C, vous mènerez les parallèles a 1,
b 2, c 3 et q 4 à la perpendiculaire C F ;
vous ferez les parties a 1 et q 4 égales chacune à la partie c 5 de la ligne C F, et les
parallèles b 2 et c 3 égales chacune à la
partie c 6 de la même ligne C F ; vous
tirerez une droite du point 1 au point 4 et
une autre droite du point 2 au point 3 ; et
le rectangle a 4, que ces lignes formeront
avec les parallèles précédentes, sera la
représentation de la porte que l'on suppose être dans la muraille qui est en face
du spectateur.

3°. Enfin, s'il y a aussi une porte dans
la muraille dont le trapèze A E est la projection, prenez, pour la représenter sur
la perpendiculaire A h les parties A n et
A v, dont l'une soit égale à la hauteur de
cette porte, et l'autre à celle de son chambranle, et du point principal P tirez aux
points n et v les lignes droites P n et P v;
prenez de même sur la ligne de terre L T
les parties A r, $r\ t$, $s\ r$ et $l\ t$, la première

egale à la distance de cette même porte au point A ; la seconde à sa largeur, et chacune des deux autres à la largeur des poteaux de son chambranle ; tirez ensuite du point de distance d aux points s, r, t, l, les lignes droites ls, dr, dt et dl. Enfin, par chaque point 1, 2, 3, 4, auxquels ces lignes couperont la ligne A D, menez une parallèle à la perpendiculaire A h; et le trapèze 1 x, que ces parallèles formeront avec les lignes P n et P v, sera la projection de cette seconde porte.

A l'égard des fenêtres, on les représente de la même manière dont on vient de voir qu'il faut représenter les portes ; et si elles sont élevées au-dessus du plancher, on trace la projection de leur appui comme on vient de voir qu'il faut tracer celles du dessus des portes.

On a représenté sur la ligne de terre L T, l'un des côtés du plancher du salon proposé, parce que l'on a supposé le tableau précisément à la place que doit occuper la muraille antérieure de la chambre ; mais si l'on veut qu'elle paraisse être à une certaine distance du tableau, on concevra facilement comment il faudra s'y prendre, si l'on a bien compris les problèmes précédens.

Les notions de perspective que nous avons présentées pourront, avec quelque attention de la part du lecteur, lui suggérer les méthodes à suivre pour parvenir à représenter les figures ou les ensembles de figures quelconques ; mais il est une application importante de la Perspective négligée jusqu'ici dans tous les Traités que j'ai pu consulter, je veux parler des projections stéréographiques de la sphère ; ces projections ne sont autre chose que des représentations du globe terrestre ou des parties de sa surface soumises aux lois ordinaires de la perspective, et dont l'utilité nous fait un devoir de parler ici.

La projection stéréographique est surtout employée pour représenter un hémisphère tout entier ; nous allons donner quelques-unes des méthodes qui conduisent à ce but. Pour représenter un hémisphère avec ses méridiens et ses parallèles, on peut supposer l'œil, 1° à l'un des pôles de la terre, alors la projection est dite polaire ; 2° sur l'équateur, la projection prend dans ce cas le nom de projection méridienne ; 3° l'œil peut être placé entre le pôle et l'équateur, et la projection est dite horizontale ; on démontre, mais nous omettons à dessein la démonstration, qui ne serait point comprise par la plupart de nos lecteurs, on démontre, disons-nous, que *les projections stéréographiques des cercles de la sphère, l'œil étant à sa surface, sont elles-mêmes des cercles ou des droites.* On démontre encore que les angles sous lesquels se coupent les méridiens et les parallèles à la surface du globe, et leurs projections dans le tableau sont égaux.

Cela posé, nous allons donner immédiatement les moyens abrégés de tracer ces projections perspectives qu'on pourrait, à la rigueur, déduire, comme nous avons avons fait jusqu'ici, d'un géométral et d'une élévation.

De la Projection polaire.

En supposant l'œil à l'un des pôles, le tableau sera le plan de l'équateur, et il est évident : (*fig.* 17)

1°. Que les projections des méridiens seront des droites et 2° celles des cercles parallèles à l'équateur et situés dans l'hémisphère opposé au point de vue, des cercles concentriques.

Projections des Méridiens.

Soit M P le rayon de la sphère, et M O L 9 un des grands cercles, le centre P étant pris pour le point de vue placé au pôle, la circonférence M L O 9 sera la projection de l'équateur. Or, comme les plans des méridiens se coupent tous suivant l'axe de la terre qui est perpendiculaire à M L O 9, la projection du premier méridien pourra être représentée par le diamètre M L.

Maintenant, si l'on divise la demi-circonférence M 9 L en 18 parties égales, et que, par tous les points de division, on mène les diamètres (1)(10), (2)(20), (3)(30), ils seront les projections des méridiens correspondans aux longitudes M 1, M 2, M 3, etc. La différence de longitude de deux méridiens consécutifs sera donc de 10 degrés, puisque l'arc M 9, qui est le quadrant, est divisé en 9 parties égales.

Projection des Parallèles.

Pour avoir les projections des parallèles à l'équateur, espacés de 10 en 10 degrés, on élèvera le diamètre O 9 perpendiculaire à M L, et l'on tirera les droites O 1, O 2, O 3, O 4, etc., qui couperont respectivement M L aux points $i\ i'\ i''$; puis, du point P comme centre, et avec les rayons P i, P i', P i'', on décrira des cercles qui seront les projections cherchées. On voit bien que O est pris ici pour la position de l'œil et que les points i, i', i'', sont les lieux perspectifs des points correspondans appartenant aux parallèles des dixième, vingtième et trentième degrés. Car, si l'on conçoit que le cercle M O L 9 tourne autour du diamètre M L, jusqu'à ce qu'il fasse un angle droit avec le plan de la figure, le rayon P 0 sera perpendiculaire à ce plan, le point 9 sera le pôle opposé à l'œil O, et les arcs M 1, M 2, M 3, seront les latitudes respectives des parallèles à l'équateur ; par conséquent les traces M, i, i', i'', des rayons visuels O M, O 1, O 2, seront sur le plan perspectif la représentation des points M, (1), (2).

Voilà comment on construit la projection polaire d'un hémisphère entier ; il ne s'agit plus, pour donner une idée de cet hémisphère, que d'y marquer la position des lieux, d'après leur longitude et leur latitude connues, d'exprimer le contour des lacs et des mers, et de tracer le cours des fleuves, d'après de pareilles données.

Projection Méridienne.

Dans la projection sur un méridien, l'œil, toujours placé au centre de l'hémisphère opposé à celui qu'on veut représenter, est sur la circonférence de l'équateur, et la projection de ce cercle est une droite perpendiculaire à l'axe des pôles de la terre. (*fig.* 18).

Projection des Méridiens.

Soit M L la projection de l'équateur, O 9 l'axe de la terre, et C le centre, ou la projection de l'œil sur le tableau du méridien M O L 9, tous les méridiens ayant O 9 pour commune section ; leurs projections étant des cercles, ainsi que nous l'avons remarqué plus haut, ces cercles devant d'ailleurs nécessairement passer par les pôles O 9, il est clair que leurs centres doivent tous se trouver sur la droite M L.

Divisons comme précédemment l'arc M 9, en 9 parties égales, tirons le diamètre (1) (19), et par ses extrémités, menons les droites O (1), O (19) qui couperont M L.

prolongée s'il est nécessaire, en *i* et *n*; ces points seront les perspectives des extrémités du diamètre du méridien, passant par le point dont la longitude est de 10 degrés; si donc, du milieu *m* de *i n*, et d'un rayon *m i*, on décrit l'arc O *i* 9, on aura la perspective du méridien cherché.

Effectuant la même construction pour les points de division 2, 3, 4, 5, etc., on aura évidemment les perspectives des autres méridiens; et à cause de la symétrie de la figure, ce qui sera construit dans le demi-cercle O M 9, servira pour l'autre demi-cercle 9 L O. Quant au méridien, dont le plan est perpendiculaire au tableau, il est évident qu'il ne peut être représenté que par l'axe O 9.

Si l'on trouvait quelque difficulté pour comprendre la construction actuelle, il n'y aurait qu'à concevoir, comme dans l'article précédent, que le cercle O M L 9, tourne autour de M L, pour prendre une position perpendiculaire au plan de la figure; alors le rayon O G, sera lui-même perpendiculaire à cette figure, O représentera le lieu de l'œil, et le cercle O M L 9, l'équateur divisé en 36 parties égales de 10 degrés chacune. Or, si par les points de division 1, 2, 3, 4, l'on imagine les rayons visuels O 1, O 2, O 3, leurs traces sur le tableau seront i, i', i'', et elles y représenteront les perspectives des points correspondans du méridien.

Pour peu que le rayon C L soit grand, ceux des méridiens croîtront très-rapidement, à mesure qu'ils s'approcheront de l'axe O 9, et près de là, il serait même très-incommode de les décrire avec un compas quelque grand qu'il fût, puisque les centres des méridiens, pourront être très-éloignés du centre de la figure. Ce qu'il y a de mieux à faire dans ce cas, c'est de décrire les arcs O i 9, O i' 9, à l'aide de deux règles (*fig*. 19) A′ C′, C′ B′ unies en C′, par une charnière qui leur permettra de former un angle quelconque.

On place un crayon au centre C′ du mouvement des deux règles A′ C′, C′ B′; on fait coïncider le point C′ avec le point i; après avoir bien étendu et fixé le papier sur une table unie, on fixe aux points O 9, deux petites pointes de métal contre lesquels on applique les bords des règles, le point C′ étant toujours sur le point i; puis sans faire varier l'angle, formé par les règles dans cette position, on fait mouvoir l'instrument de manière qu'elles s'ap-

puient sans cesse contre les pointes O, 9.
Alors le crayon C' décrit l'arc de cercle
O *i* 9.

Projection des Parallèles.

Occupons-nous maintenant de la projection des parallèles à l'équateur.

Ces courbes devant passer par les points de division correspondans (8), (10), (7), (11), (6), (12), etc., et leurs centres étant nécessairement situés sur le prolongement de l'axe O 9, ou déterminera le centre de la projection du parallèle, ainsi qu'il suit :

On conduira les droites L 8, L 7, L 6, etc. L 10, L 11, L 12, etc. ; les premières couperont l'axe O 9, en r, r', r'', les secondes en couperont le prolongement aux points R, R', R'', et les distances R r, R' r', R'' r'', etc., seront les diamètres des différens parallèles ; d'ailleurs, puisque les trois points 8 r 10 sont sur le parallèle, on a tout ce qu'il faut pour le décrire ; ainsi du milieu v de R r comme centre, et d'un rayon égal v 8 on décrira l'arc 8 r 10, qui sera la perspective du parallèle passant par la latitude de 80 degrés. On effectuera la même construction pour tous les autres; mais lorsque les rayons deviendront trop grands, on pourra employer l'instrument dont on a parlé ci-dessus.

Projection horizontale.

C'est l'horizon rationnel qui sert maintenant de plan de projection ; alors le point de vue est le pôle de cet horizon, et le méridien qui passe par ce lieu, est une ligne droite. Celui-ci se nomme ordinairement le méridien principal.

Projection des Méridiens.

Soit A D B E, l'horizon d'un lieu (*fig.* 20); son centre C sera la projection du point de vue ou du pôle de cet horizon. Soit en outre A B, le diamètre qui représente le méridien du lieu de la carte. Si l'angle P C A est égal à la hauteur du pôle, et que D E soit perpendiculaire à A B, la droite P E coupera A B en un point p qui sera la projection du pôle supérieur. Si l'on tire E P′, prolongé jusqu'en p', ce point sera la projection du pôle inférieur. Les projections des méridiens qui passeront toutes par $p\,p'$, auront en même tems leurs centres sur la droite S S′ perpendiculaire, sur le milieu de $p\,p'$: c'est ce que nous démontrerions si la démonstration pouvait être comprise par tous nos lecteurs.

Afin de rendre raison de cette construction, on imaginera, comme dans les articles précédens, que le cercle A B D E tournant autour de A B, prend une position perpendiculaire à celle qu'il avait primitivement. Dans cet état P P' représentera l'axe de la terre, le rayon C E sera perpendiculaire au plan de la figure, et le point E considéré comme le lieu de l'œil, sera projeté en C, qui devient alors le point de vue ; de plus, les rayons visuels E P, E P', rencontreront le tableau perspectif en p, p'.

Pour achever de déterminer les projections dont il s'agit, il suffit de trouver un troisième point ; or, le méridien dont le plan est perpendiculaire au méridien principal A B, coupe l'horizon suivant une droite D E, perpendiculaire à A B ; donc, si du point F comme centre, et d'un rayon F D égal à la moitié de $p\,p'$, on décrit l'arc D p E, cet arc sera la perspective du méridien, passant par la longitude de 90°, comptés depuis le méridien principal A B.

La ligne S S', perpendiculaire à A B,

et passant par F, milieu de $p\,p'$, se nomme ligne des centres des méridiens.

La perspective de l'équateur est aussi facile à trouver ; car, si on élève le diamètre $Q\,Q'$ perpendiculairement à $P\,P'$, ce diamètre sera celui de l'équateur, et sa perspective sur le tableau $Q\,q'$. Par conséquent, si du milieu de $q\,q'$ comme centre, et avec un rayon égal à la moitié de cette ligne, on décrit l'arc $D\,q\,E$, ce sera la perspective de la moitié de l'équateur.

Voici maintenant le moyen de trouver le centre d'un méridien quelconque : du point p comme centre, et d'un rayon arbitraire, d'un rayon égal à $p\,F$, par exemple, on décrira une circonférence que l'on divisera en 36 parties égales, à partir de A B, si l'on ne veut tracer comme précédemment que 36 méridiens ; et par tous les points de division, l'on mènera des rayons dont les prolongemens rencontreront la ligne $S\,S'$ des centres en différens points x', x'', x''', etc , qui seront les centres des méridiens. Il est visible que, puisque la figure est symétrique, il suffira de tirer des rayons dans le premier quart de cercle. Il arrivera cependant, dans la pratique, qu'il faudra renoncer à ce procédé, lorsque le rayon de ces méridiens deviendra trop grand. Dans ce cas, l'on déterminera de la manière suivante, les points où les méridiens rencontrent le plan de projection.

D'un point quelconque pris sur A B ou sur son prolongement, du point F, par exemple, on abaisse une perpendiculaire F K, sur P P', et l'on porte la longueur F' k, de F en k', puis de ce dernier point comme centre, et avec un rayon égal à F k', ou avec tout autre rayon pris à volonté, mais un peu grand, on décrit une circonférence que l'on divise en 36 parties égales. Enfin, on mène les sécantes k' n', k' n'' par tous les points de division, et les extrémités n', n'' de ces sécantes terminées à la droite S S', sont les tracés mêmes des plans des méridiens; tirant donc les droites n' C' r', n'' C' r'', etc., les diamètres m' r', m'' r'', serontl es traces cherchées, et l'on aura par consequent trois points tels que r' p m', r'' p m'' de chaque méridien perspectif. Après quoi l'on décrira ces méridiens par l'un des procédés indiqués plus haut.

Projection des Parallèles.

Il est très-facile de décrire les parallèles à l'équateur, car leurs plans étant perpendiculaires au méridien principal A B on obtiendra les diamètres de leurs projections comme pour l'équateur lui-même; c'est-à-dire, qu'après avoir divisé la circonférence A B D E, en 36 parties égales, à partir du point P, on mènera de deux en deux, les droites 1 E 1′ E, 2 E, 2′ E, 3 E, 3′ E, et l'intervalle $v\,v'$, limité par ces droites et pris sur le méridien A B, sera le diamètre d'un parallèle. Dans le cas présent $v\,v'$ appartient évidemment au parallèle mené par la latitude de 80 degrés.

C'est à l'ouvrage de M. Puissant, que j'ai emprunté ces détails sur une application de la perspective, qui n'est point assez connue. On pourra voir dans cet ouvrage, et dans la Géographie physique de de M. Lacroix, des détails fort étendus sur la construction des cartes, qui ne sont point des représentations perspectives du globe; en attendant la publication de la *Construction des cartes géographiques* de notre Collection.

Il est quelquefois utile de décomposer ou de trouver le plan géométral d'un plan perspectif quelconque.

Revenir du Perspectif au Géométral.

Pour cette opération, il faut faire en sens inverse, celle que l'on ferait, pour mettre un plan géométral en perspective ; et cela est généralement si facile, en théorie du moins, que l'exemple suivant n'a pour but que d'en donner une idée générale. La connaissance de ce procédé est surtout utile pour les vérifications, par exemple, si l'on doutait de la vérité d'un plan prétendu mis en perspective et dans lequel on apercevrait des contradictions, si l'on voulait vérifier quelle est l'ouverture de tel ou tel angle, la déclinaison de telle ou telle ligne, etc. Nous allons appliquer cette opération à la figure **21**, qui représente un quadrilatère, que nous choisissons à dessein, comme peu compliqué.

Problème.

Étant donné un quadrilatère quelconque, trouver les divers parallélogrammes ou rectangles dont il peut être la représentation perspective ; ou bien étant donné un parallélogramme quelconque, rectangle ou non, trouver sa position, et celle de l'œil, qui feront que sa représentation perspective sera un quadrilatère donné.

Soit le quadrilatère trapézoïde donné A B C D que nous supposerons le plus irrégulier possible, et n'ayant aucuns côtés parallèles. Prolongez les côtés A B, C D, jusqu'à leur concours en F, et les côtés A D, B C, jusqu'à leur concours en E; tirez E F, et par A, sa parallèle G H.

Je dis premièrement que, quelle que soit la position de l'œil, pourvu que ce qu'on appelle le point de vue soit dans la ligne E F ou dans son prolongement, l'objet dont le quadrilatère A B C D est la représentation perspective, sera un parallélogramme. Car on sait que les parallèles sur le plan horizontal ont des apparences qui concourent, en un même point de la parallèle à l'horizon, tirée par le point de vue. Toutes les perpendiculaires à la ligne de terre, ont des apparences qui concourent au point de vue même ; toutes celles qui font des angles demi-droits ont leurs images concourantes, dans ce qu'on appelle les points de distance ; celles enfin qui font des angles plus grands, ou moindres ont des images qui concourent en d'autres points, qu'on détermine toujours en tirant, de l'œil au tableau, une ligne parallèle à celles dont on cherche la représentation perspective. Donc toutes les lignes qui, dans le tableau, concourent dans des points situés dans la ligne du point de vue, sont des images de lignes parallèles et horizontales. Ainsi, les lignes sur le plan horizontal, qui ont pour représentation dans le tableau, les lignes B C, A D, sont parallèles ; il en est de même de celles qui donnent les images linéaires A B, D C. Or, deux paires de lignes parallèles forment nécessairement par leurs intersections un parallélogramme : donc l'objet dont le quadrilatère A B C D est l'image pour un œil situé à la hauteur de la ligne F E, dans quelqu'endroit que soit le point de vue, est un parallélogramme.

Cela démontré, nous supposerons d'abord qu'on sache que l'objet est un rectangle : pour trouver dans ce cas la place de l'œil, divisez la distance F E, en deux parties égales ; I étant le milieu de cette ligne, et supposez l'œil situé en sorte que la perpendiculaire, tirée de sa place au tableau, tombe sur le point I, et que la distance soit égale à I E ou I F : les points E, I seront les points de distance ; prolongez C B en C D, jusqu'à la ligne de terre, en G et en H ; les lignes H C F, A B F, seront les images de lignes, faisant avec la ligne de terre, des angles demi-droits. Il en sera de même de celles dont G C E, A D E, sont les images. Donc tirant d'un côté H *d c*, A *b* indéfinies et inclinées à la ligne de terre d'un angle demi – droit, et de l'autre côté, et dans un sens contraire, les lignes G *b c*, et A *d*, inclinées aussi d'un angle demi-droit, ces lignes se rencontreront nécessairement à angles droits, et formeront le rectangle A *b c d*.

Si l'on supposait le point de vue, dans un autre point, en E, par exemple, c'est-à-dire, que l'œil fût directement au devant du point E, et à un éloignement égal à E K, il faudrait, après avoir tiré les perpendiculaires E L, F M à la ligne de terre, dans le plan du tableau, mener à la même ligne de terre dans le plan horizontal, la perpendiculaire L N, égale à E K, puis la ligne N M, faisant avec la ligne de terre, l'angle L M N. Menez ensuite aux points G et A, les perpendiculaires indéfinies A D, G K et par les points A et H les lignes indéfinies A D G K et par les points A, H les lignes indéfinies H K A B faisant avec la ligne de terre, des angles égaux à L M N et en sens contraires ; ces deux paires de lignes se rencontreront en B K D, et donneront évidemment un parallélogramme oblique, qui serait l'objet dont B C D A est la représentation, pour un œil situé vis-à-vis E, et à une distance du tableau égale à E K.

Si les côtés A*b*, *cd* dans le rectangle A*bcd* étaient divisés en parties égales par des parallèles aux autres côtés, il est clair que prolongeant ces parallèles, elles couperaient en autant de parties égales la ligne A G. Il en est de même des parallèles A*b*, *cd* qui couperaient en portions égales les côtés A*d*, *bc*; la ligne A H en serait divisée aussi en parties égales. Ceci donne le moyen de diviser, si l'on veut, le trapèze A B C D en carreaux qui seraient la représentation de ceux dans lesquels A*bcd* serait divisé.

Des Instrumens qui peuvent servir à mettre les objets en perspective et remplacer quelquefois les procédés que nous avons donnés.

On doit à M. Meyer, régent au Collége d'Echteinmach, un instrument pour dessiner *la perspective*, qui est à la fois très-simple et ingénieux; ce sont simplement deux règles graduées *a a* et *b b* (*fig.* 22), assemblées à angles droits et dont l'une peut glisser dans l'autre La règle verticale peut de plus se mouvoir latéralement dans la rainure graduée *c c*, dans laquelle s'engage son extrémité. L'œil vient se placer derrière un piquet *h h*, muni à son extrémité d'un anneau qui porte un fil à plomb *d e f.*

Pour dessiner les perspectives des objets, on trace sur le papier deux axes rectangulaires qui représentent les deux règles placées aux points zéro des divisions ; il s'agit alors de se procurer les coordonnées de chaque point. A cet effet, on dirige un rayon visuel *d* V vers le point à mettre en perspective, et l'on remonte ou l'on abaisse la règle *a a* au moyen d'un curseur, jusqu'à ce qu'elle se trouve en contact avec ce rayon ; le nombre de degrés dont *a a* aura changé de place, fera connaître sur *b b* l'ordonnée du point V ; et l'abscisse sera estimée sur la règle graduée *a a*, par la position du point *c*. La rainure *c c* devient nécessaire, lorsque la longueur de *a a* n'est pas suffisante ; on recule alors les deux axes vers la droite ou vers la gauche.

L'auteur fait observer que les deux règles et le piquet, peuvent être conformés de manière à être réunis en canne.

Nous ne parlerons point ici de l'instrument assez incommode dû à Wren, mathématicien célèbre et architecte de Saint-

Paul de Londres, on peut en voir la description dans les récréations mathéma-thématiques d'Ozanam, ni de la chambre obscure que tout le monde connaît ; mais nous donnerons sur la chambre claire (*camera lucida*), quelques détails qui pourront au moins servir à faire connaître davantage un instrument très-commode et qui n'est point employé aussi souvent qu'il pourrait l'être.

De la Chambre claire.

La partie principale de cet instrument est un prisme quadrangulaire A B (*fig.* 23). Ce prisme est disposé de telle manière qu'il présente la face A B perpendiculairement à la direction des rayons lumineux envoyés par les objets extérieurs. Les rayons, à leur entrée dans la face A B, n'éprouvent aucune déviation ; ils subissent, sur les faces intérieures deux fois la réflexion to-tale, et arrivent à l'œil de l'observateur placé en O. Cet observateur verra ainsi une image des objets droite et horizontale qu'il croira voir venir directement à tra-vers ce prisme ; et s'il place son œil de manière que les rayons réfléchis n'occupent que la moitié de la pupille, il pourra voir à la fois l'image et le papier sur lequel elle paraîtra projetée, et en suivre toutes les parties avec un crayon à pointe fine ; si la vue réclame le secours de la loupe, rien ne s'oppose à ce qu'on en fasse usage, la perspective n'en sera nullement altérée. Cette *camera lucida* est due à Wollaston ; la pratique a fait découvrir, dans cet instrument, un défaut qui consiste dans les apparitions et les disparitions de la pointe du crayon. Le plus petit mouvement de l'œil amène ces apparitions et ces disparitions alternatives qui fatiguent singulièrement la vue,

M. J. B. Amici, de Modène, a proposé une *camera lucida*, dont nous allons indiquer les principes. Ce nouvel instrument consiste en un miroir de métal (*fig.* 24), dont la surface A B est inclinée de 135 degrés sur la surface P C, d'une lame de verre à D C E F à faces parallèles. Les rayons S I des objets sont réfléchis d'abord par le miroir, ensuite par la face antérieure du verre, de manière à devenir perpendiculaire à leur direction primitive. L'œil situé en O aperçoit l'objet éloigné en Q à la surface d'une feuille de papier, sur laquelle l'objet peut être dessiné.

Une lentille concave, placée devant le

miroir métallique, ou une lentille convexe placée au-dessous de la lame de verre, donne aux rayons venus des objets et de la pointe du crayon la même divergence.

On peut, à l'aide de lentilles convenablement disposées, obtenir à volonté une image plus petite ou plus grande que l'objet ; à l'aide d'un verre coloré placé devant le miroir A B, on diminue, s'il est nécessaire, la vivacité de la lumière.

M. Amici a imaginé diverses autres dispositions sur lesquelles nous ne nous arrêterons pas ; on peut consulter à ce sujet le *Traité de Physique* de M. Desprets.

THÉORIE DES OMBRES.

La théorie des ombres n'est pas une partie aussi importante de la perspective qu'on pourrait le croire, pour la peinture du moins. Il n'est guère possible en effet de chercher toutes les ombres d'une composition historique ou d'un paysage, sans charger son dessin d'une prodigieuse quantité de lignes qu'exigerait la représentation exacte des différens corps qui entrent dans le tableau. C'est le *sentiment* qui doit le plus souvent remplacer les méthodes géométriques . et nous ne les donnons ici que pour n'avoir rien négligé malgré le cadre étroit qui nous est assigné. De plus, il n'est point inutile de faire remarquer que tout ce qu'on démontre sur les ombres des corps, bien qu'exact du côté mathématique, est physiquement faux. Cette contradiction vient de l'hypothèse qui sert de base à la théorie mathématique. Par exemple, et afin de prendre un exemple bien sensible, on trouve, par le calcul, que l'ombre de la terre doit s'étendre jusqu'à 110 de ses diamètres ; et, comme la lune n'en est éloignée que d'environ 30 diamètres, il s'en suivrait que lorsque dans les éclipses, cet astre tombe en entier ou en partie dans l'ombre de la terre, il devrait disparaître en entier ou en partie. Il n'en est pas ainsi cependant, et la partie éclipsée au lieu de disparaître en entier, est seulement rougeâtre ou très-obscure ; mais visible cependant. Maraldi, voulant éclaircir ce phénomène, a fait des expériences en plein soleil, avec des cylindres et des globes pour voir jusqu'où s'étend leur ombre véritable. Il a trouvé que cette ombre qui devrait s'étendre à environ 110 diamètres du cylindre ou du globe, ne s'étend, en demeurant toujours également noire, qu'à une distance d'environ 41 diamètres. Ce n'est point ici le lieu de chercher à expliquer ce phénomène, il suffit de l'avoir reconnu.

Cela posé, nous traiterons d'abord de la perspective des ombres données par le soleil ou par la lune, puis des ombres au flambeau. Quant à celles produites par la lumière diffuse, par celles que donnerait, par exemple, une fenêtre non exposée au soleil, elles sont en général faibles et indécises ; c'est encore bien pire quand il y a plusieurs croisées dans un appartement, car elles produisent chacune leur lumière sur le même corps, par conséquent ce corps porte autant d'ombres qu'il y a de lumières ; mais ces ombres deviennent si confuses entre elles, qu'il est inutile de chercher à les tracer suivant les règles de la perspective ; on en viendrait sûrement à bout, mais le tems qu'on passerait à ce travail serait presque perdu, parce que les effets qui en résulteraient seraient vagues et indécis, et qu'on ne saurait aucun gré à l'artiste de la peine qu'il se serait donnée : nous n'en parlerons donc point.

Des Ombres solaires.

1°. La première chose à connaître est évidemment la hauteur du soleil, puisqu'elle détermine la direction des rayons lumineux. Or, cette hauteur dépend de la volonté de l'artiste, c'est-à-dire, du rapport qu'il veut établir entre la hauteur des objets et la longueur des ombres. Il est clair que, plus le soleil sera élevé sur l'horizon, plus les ombres seront courtes ; que plus, au contraire, le soleil se rapprochera de l'horizon, plus elles seront longues ; de sorte que, si cet astre se trouvait dans le plan même de l'horizon, les ombres seraient infinies ; entre la plus grande élévation et la plus petite, c'est-à-dire, le soleil étant élevé d'un angle demi-droit, la longueur des ombres est précisément égale à la hauteur des objets.

2°. On peut, sans erreur sensible, considérer les rayons solaires comme parallèles entre eux; cette remarque montre pourquoi l'on distingue les ombres solaires des ombres au flambeau. Ce dernier étant considéré comme le centre d'une sphère lumineuse, les rayons lumineux qui en émanent, loin d'être parallèles, divergent vers tous les points de l'espace, et l'on conçoit dès-lors que les ombres qu'il produit diffèrent très-sensiblement des ombres solaires.

3°. Le soleil peut se trouver ou dans le plan du tableau, ou devant le plan du tableau, ou enfin derrière le plan du tableau; de ces trois positions dérivent les trois problèmes généraux que nous allons résoudre.

Problème.

Trouver l'ombre perspective d'un objet, le soleil étant dans le plan du tableau.

Soit (*fig.* 26) S R D l'angle qui détermine la direction du rayon solaire qu'on prend telle qu'on le juge à propos pour le but qu'on se propose ; soit D B G I un plan dont on veut avoir l'ombre perspective ; faisons passer S R par l'angle B ; par l'autre angle G menons G N parallèle à S R puisque les rayons solaires sont parallèles ; par les angles inférieurs D et I, menons les parallèles à la ligne de terre D R et I N, car *lorsque le soleil est dans le plan du tableau, l'ombre de toute ligne perpendiculaire sur le plan du terrain, est parallèle à la ligne de terre ;* ces droites auront pour limites les points où elles rencontrent les rayons solaires.

Cela fait, puisque les lignes B G , D I vont au point de vue , leurs apparences dans l'ombre devront concourir en ce même point , tirant donc par R et par V la ligne RV, cette ligne déterminera l'espace D I R N qui sera l'ombre portée du plan B D G I sur le terrain perspectif. Si l'ombre rencontre un obstacle, les marches d'un escalier par exemple (*fig.* 26 *bis.*), on déterminera les points où les rayons solaires toucheraient la muraille ; on conduirait toujours des pieds de l'objet des parallèles à la ligne de terre jusqu'à la rencontre avec le premier obstacle, la première marche dans l'exemple actuel , par les points de rencontre on élèverait des perpendiculaires jusqu'au sommet de l'angle saillant de la marche ; par les points où ces perpendiculaires rencontrent l'arête de la marche , on mènerait de nouvelles parallèles à la ligne de terre , puis des perpendiculaires , puis des parallèles , etc. , jusqu'à ce qu'enfin les rayons lumineux passant par l'extrémité supérieure de l'objet, rencontrent ces parallèles ou ces perpendiculaires, et limitent ainsi la perspective de l'ombre.

Problème.

Trouver l'ombre perspective d'un plan, le soleil étant en avant du tableau, c'est-à-dire derrière le spectateur.

Il faut imaginer que le soleil est dans un point du ciel, placé au-dessous de l'horizon diamétralement opposé à celui où il se trouve réellement au-dessus. Soit B la chute des rayons sur le parquet, on élèvera de ce point une perpendiculaire jusqu'à la rencontre de l'horizon en A.

Supposons maintenant qu'on veuille déterminer perspectivement l'ombre du plan MGCD *(fig. 27)*; des points CD, on tirera au point A les droites D A C A; des points supérieurs M G on tirera au point B les droites M B, G B; les intersections 1, 2 de ces quatre droites déterminent les limites de l'ombre du plan.

Si l'ombre rencontre un obstacle, on la détermine en élevant perpendiculairement la ligne d'ombre partant du pied de l'objet, le long de la surface qui l'arrête. Si c'est un escalier, cette ligne étant arrivée à l'arête de la première marche, devra être dirigée au point A, encore élevée perpendiculairement s'il y a d'autres marches, et ainsi de suite jusqu'à ce que le rayon du point supérieur de l'objet limite la longueur de cette ligne d'ombre en la remontrant.

Ombre perspective d'un Plan, le soleil étant situé derrière le Tableau.

Soit le point S (*fig.* 28), le point où passe le faisceau parallèle de rayons lumineux ; du point S abaissez une perpendiculaire S A sur la ligne d'horizon, soit C B D E le plan dont on veut avoir l'ombre perspective ; par les points inférieurs D E du plan tirez au point A les droites A D M, A E T que l'on recoupe ensuite en M et T, par les droites menées du point S passant par les points supérieurs C, B; on obtient ainsi l'ombre perspective D E M T du plan D E C B.

Bien que dans le dessin et la peinture il soit permis de faire venir le jour d'où l'on veut, et de supposer que le soleil est dans tel point du ciel que l'on souhaite, cependant le goût indique assez qu'on ne doit point en général, le supposer en face du tableau, ni en avant ni en arrière ; car si la lumière venait directement du côté de l'œil, les objets élevés sur le plan du terrain seraient presque tous éclairés ; ils seraient au contraire tous dans l'ombre, si la lumière venait du côté opposé ; ce qui dans l'un et l'autre cas produirait un mauvais effet.

Ombres au Flambeau.

En général, l'*apparence* d'un corps opaque et d'un corps lumineux dont les rayons sont divergens étant donnés, on trouvera l'apparence perspective de l'ombre par la méthode suivante :

1°. du corps lumineux qu'on considère dans ce cas comme un point, et qu'on suppose déjà rapporté sur le plan du tableau de manière qu'on sache en quel endroit l'œil doit le voir, on abaissera une perpendiculaire sur le plan géométral, ou plutôt on cherchera daus le plan perspectif la position du point sur lequel tombe une perpendiculaire tirée du centre du corps lumineux ; 2° des différens anglès ou points élevés de ce corps, abaissez des perpendiculaires sur le plan ; 3° joignez les points sur lesquels tombent les perpendiculaires par des droites avec le point sur lequel tombe la perpendiculaire qu'on a abaissée du corps lumineux et prolongez ces lignes vers le côté opposé au corps lumineux; 4° par les angles les plus élevés du corps opaque et par le centre du corps lumineux, tirez des lignes qui coupent les premières, les points d'intersection seront les limites de l'ombre : ainsi si l'on demandait la perspective de l'ombre du prisme A B C D E F (*fig*. 25), comme les lignes A D, B E et C F sont perpendiculaires au géométral et que L M est aussi perpendiculaire à ce plan, tirez les drooites G M et H M par les points M D et E : par les points élevés A et B, tirez encore les droites G L et H L qui coupent les premières en G et H : puisque l'ombre de A D se termine en G, que celle de B E se termine en H et que les ombres de toutes les droites conçues dans le prisme donné, sont comprises entre les points G, H, D, E ; G D E H sera l'apparence de l'ombre projetée par le prisme.

Cette construction suppose au reste que l'élévation de l'œil est la même que celle du corps lumineux. Sans multiplier inutilement les figures, on voit assez ce que l'on aurait à faire pour obtenir l'ombre sur un mur d'une ligne quelconque, d'un bâton droit ou incliné, par exemple, dont on aurait la perspective dans le tableau.

Il suffirait de conduire par le pied du flambeau, c'est-à-dire par le lieu perspectif du point où la perpendiculaire abais-

sée du flambeau rencontre le sol, il suffirait dis-je de conduire une droite par ce
point et par le pied du bâton jusqu'à ce
qu'elle rencontrât la muraille ; du point
où cette ligne rencontrerait la muraille,
on élèverait une perpendiculaire au sol
qu'on recouperait par la droite menée par
l'extrémité supérieure du bâton et par le
centre lumineux ; l'on obtiendrait ainsi de
l'autre côté du flambeau par rapport au
bâton une ombre composée de deux parties,
la première sur le sol depuis le pied du bâton jusqu'à la muraille, la seconde verticale et limitée d'abord par le point où la
première droite de notre construction a rencontré la muraille, et ensuite par le point
où la droite menée par l'extrémité supérieure du bâton a rencontré la perpendiculaire.

FIN.

TABLE

DES MATIÈRES.

—

FIN DE LA TABLE.

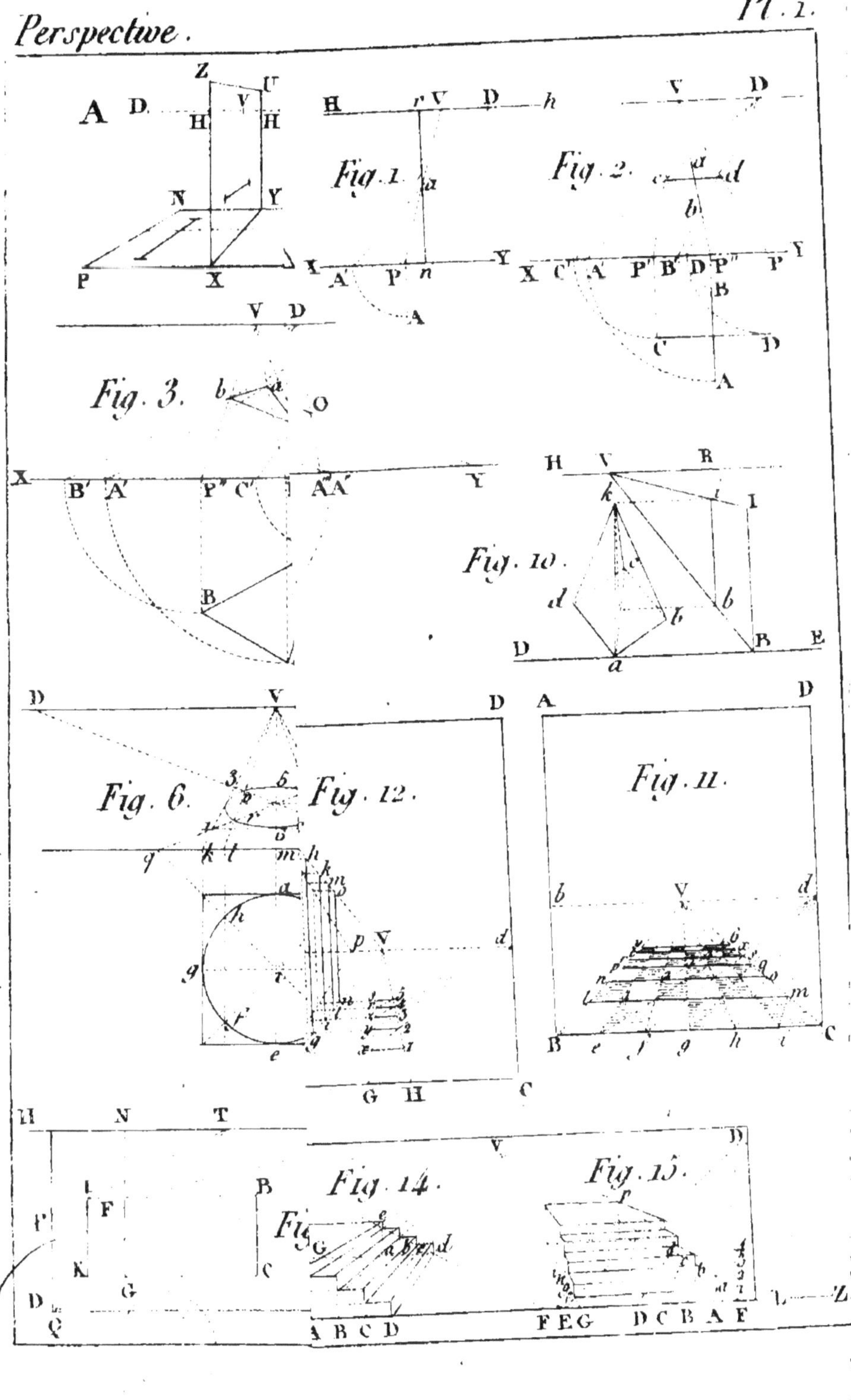
A
Fig. 1.
Fig. 2.
Fig. 3.
Fig. 10.
Fig. 6.
Fig. 12.
Fig. 11.
Fig. 14.
Fig. 15.

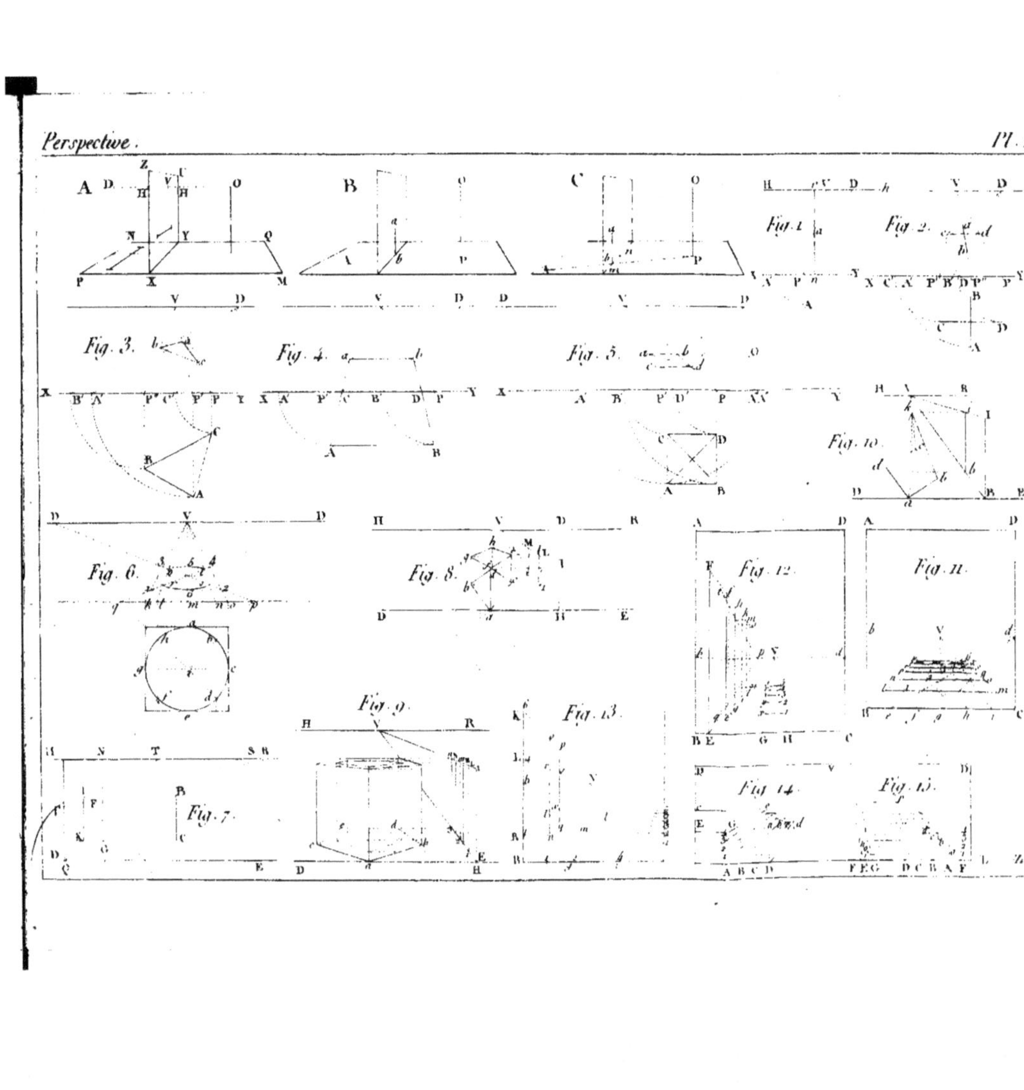
A
B
C
Fig. 1.
Fig. 2.
Fig. 3.
Fig. 4.
Fig. 5.
Fig. 6.
Fig. 7.
Fig. 8.
Fig. 9.
Fig. 10.
Fig. 11.
Fig. 12.
Fig. 13.
Fig. 14.
Fig. 15.

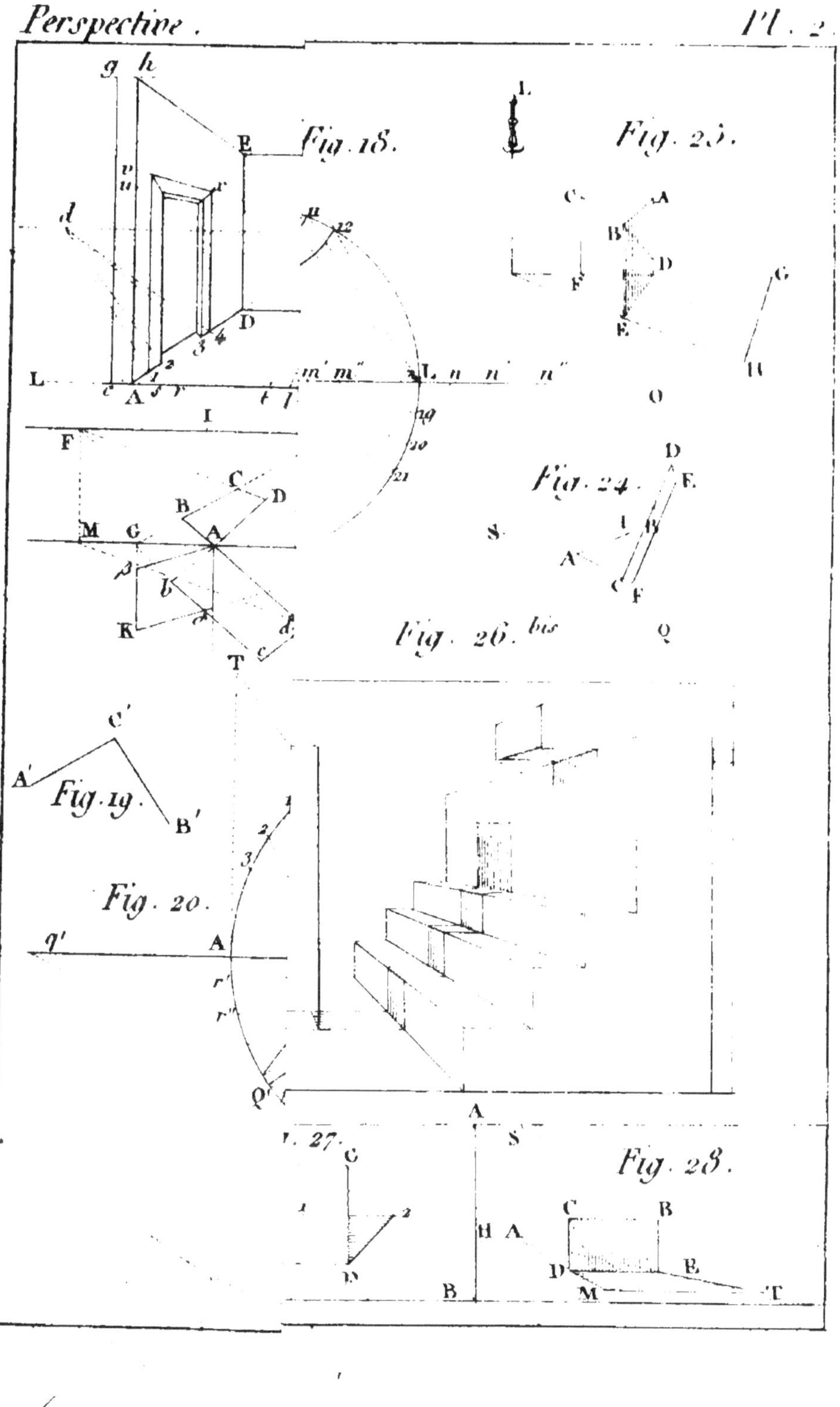
Fig. 18.
Fig. 23.
Fig. 24.
Fig. 26. bis
Fig. 19.
Fig. 20.
Fig. 27.
Fig. 28.

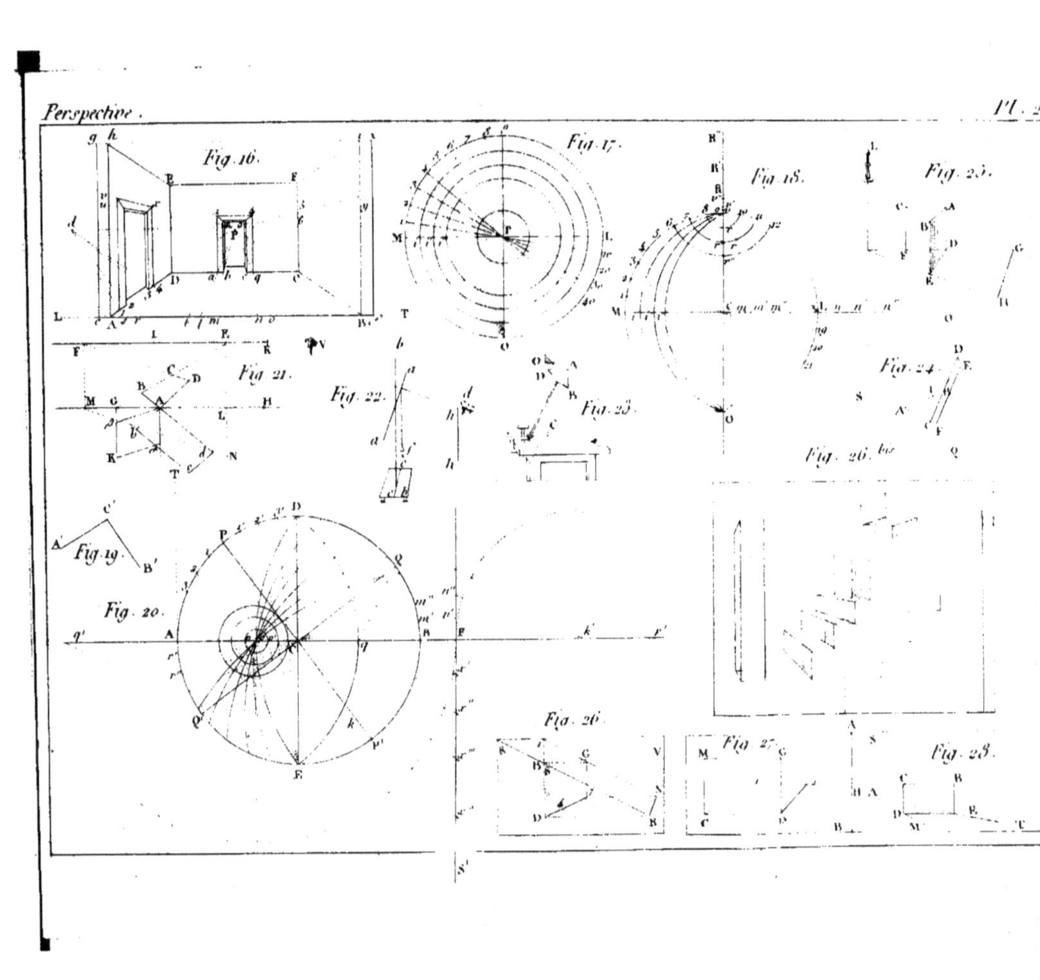

Fig. 16.
Fig. 17.
Fig. 18.
Fig. 25.
Fig. 19.
Fig. 20.
Fig. 21.
Fig. 22.
Fig. 23.
Fig. 24.
Fig. 26. bis
Fig. 26.
Fig. 27.
Fig. 28.

www.ingramcontent.com/pod-product-compliance
Lightning Source LLC
LaVergne TN
LVHW012013180726
843502LV00005B/1692